疯狂动物城科普丛书

认识动物大明星

ren shi dong wu da ming xing

李吉奎 编著

南京出版传媒集团
南京出版社

图书在版编目（CIP）数据

认识动物大明星 / 李吉奎编著. -- 南京 : 南京出版社, 2016.12

（疯狂动物城科普丛书）

ISBN 978-7-5533-1547-8

Ⅰ. ①认… Ⅱ. ①李… Ⅲ. ①动物－少儿读物 Ⅳ. ①Q95-49

中国版本图书馆 CIP 数据核字（2016）第 241190 号

书　　名： 认识动物大明星
作　　者： 李吉奎
出版发行： 南京出版传媒集团
　　　　　　南 京 出 版 社

社址：南京市太平门街 53 号　　邮编：210016
网址：http://www.njcbs.cn　　电子信箱：njcbs1988@163.com
天猫 1 店：https://njcbcmjtts.tmall.com　　天猫 2 店：https://nanjingchubanshets.tmall.com
联系电话：025-83283893、83283864（营销）　025-83112257（编务）

出 版 人： 朱同芳
出 品 人： 卢海鸣
责任编辑： 袁　昕　金　欣
装帧设计： 睿通文化
责任印制： 杨福彬

印　　刷： 唐山新苑印务有限公司
开　　本： 700 毫米 ×1000 毫米　1/16
印　　张： 6
字　　数： 60 千字
版　　次： 2016 年 12 月第 1 版
印　　次： 2018 年 9 月第 2 次印刷
书　　号： ISBN 978-7-5533-1547-8
定　　价： 29.80 元

天猫 1 店　　天猫 2 店

营销分类：科普

序言

在动物的王国里，有许多珍贵和稀有的动物明星，它们数量虽少，却神秘独特，备受人们的关注。这些明星有被称为中国国宝的大熊猫，有草原之王非洲狮，有童话中的美人鱼儒艮，有美丽的桃花水母，有六角恐龙之美誉的钝口螈……

想与这些动物明星零接触吗？就请打开书本吧！书中生动传神的图片将带你走进有趣的动物王国，妙趣横生的文字将为你解读动物明星的点点滴滴，让小朋友们在开阔眼界、增长知识的同时，增强保护动物、保卫地球家园的使命感和责任感。

目录

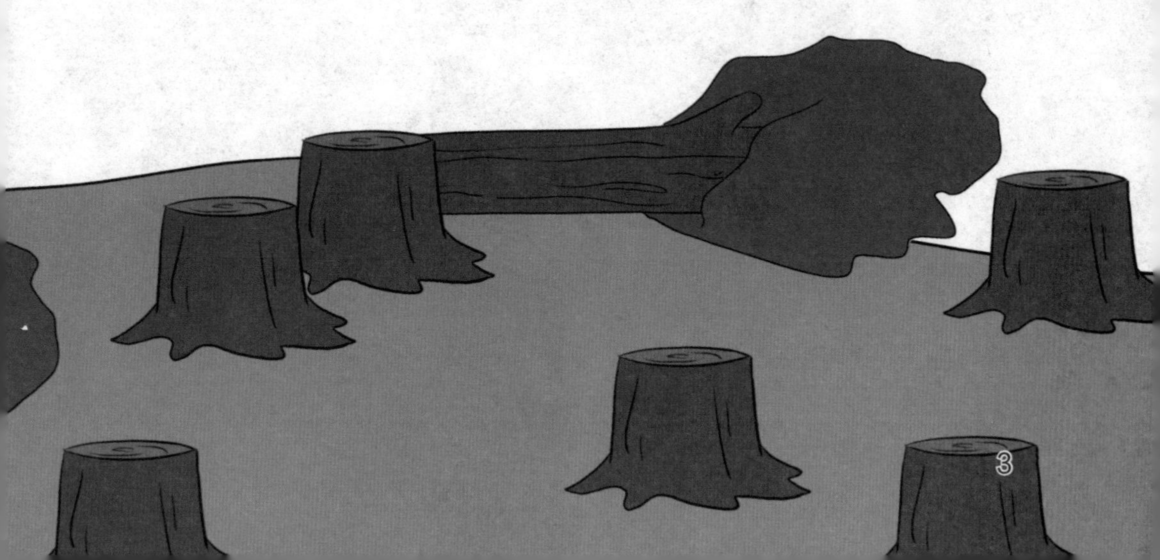

中国国宝——大熊猫

zhong guo guo bao da xiong mao

生物特征

可爱的大熊猫

大熊猫是世界上最珍贵的动物之一，现存数量已经十分稀少，属于国家一级保护动物，被誉为中国的“国宝”。

大熊猫的外貌长得似熊非熊，似猫非猫，独具一格。它尾短体胖，头圆颈粗，眼小，耳朵也小。它的体色只是简单的黑白两色，头部和身体的毛色黑白相间，四肢和肩膀是黑色，还有一对黑耳朵和一对八字形的黑眼圈。这副长相虽然不十分美丽动人，可也别有一番风韵，惹人喜爱。大熊猫走起路来，总是拖着笨拙的身体，把头埋得低低的。如果直立起来，活像一个舞蹈演员在起舞，高兴时它会蜷成一团，随地打滚……这些滑稽的动作实在令人开心。

虽说最常见的熊猫是黑白相间的，但也存在其他体色的类型。

白色大熊猫发现于陕西秦岭佛坪自然保护区，它的体毛除了眼圈、四肢外，从耳朵、肩胛到整个胸脯，都是白色的，堪称“宝中之宝”。

棕色大熊猫也是在陕西佛坪自然保护区发现的，棕色大熊猫的两耳、眼圈、睫毛、吻、头、肩胛及四肢的毛均为棕色。因此，专家称其为“世界上最美的大熊猫”。

大熊猫小档案

别称：竹熊、银狗

分布区域：中国四川、陕西、甘肃等地

所属科目：脊索动物门，哺乳纲，食肉目，熊科，大熊猫属，大熊猫种

生活习性

栖息地

大熊猫栖息于海拔 1300 ~ 3600 米的高山竹林中，它们无固定的巢穴，过着“流浪式”的生活。

它们活动的区域多在山腹洼地、河谷等地，一般在 20° 以下的缓坡地形。这些地方土质肥厚，森林茂盛，箭竹生长良好，构成一个气温相对较为稳定、隐蔽条件良好、食物资源和水源都很丰富的优良食物基地。

大熊猫没有固定的家，而且过着独居生活，除了交配期会和伴侣生活1个多月外，平时独自在竹林里转，悠闲自得，所以它还有“竹林隐士”的雅号。

最爱吃竹子

大熊猫最喜欢吃新鲜的竹子，其食物几乎包括了高山地区可以找到的各种竹子。在野外，它们除了睡眠或短距离活动外，每天取食的时间长达14个小时。一只大熊猫每天进食12～38千克食物，接近其体重的40%。因为大熊猫的肠道短，不像牛羊等食草动物有复胃，所以食物很快就通过消化道。为了维持生存，它只有不停地吃。

在动物分类学中，大熊猫被划分为哺乳纲中的食肉目，也就是说，天天吃竹子的大熊猫实际上却是食肉动物。

在过去，大熊猫的祖先原本是吃肉的，它们有着尖锐的犬齿、较短的肠道。可后来地球进入了冰川时代，大量动物由于缺乏充足的食物而相继灭亡。留存在今天四川、陕西一带的大熊猫，由于找不到足够的肉食，于是被迫改吃比较容易获得的植物。然而，它们却选择了最难消化的富含纤维的竹子。因为在四川和陕西，这种植物最多，最容易获得，它们再也不用担心会饿死。

就这样，大熊猫慢慢地从食肉动物进化成了现在的以竹子为主食的素食动物。如今，它的消化系统已经不太适应吃肉了，不过仍可以吃肉，只是不能多吃。

繁育

到了繁殖季节，雌熊猫翻山越岭寻求伴侣。雌雄同居一些日子之后，雄熊猫又远走高飞了。

产仔之前，雌熊猫找个岩洞，铺上大量柔软的树叶、竹叶，压成了一个松软舒适的床，这就成了它的家。

大熊猫每胎产仔 1 ~ 2 只，初生幼仔只有 100 ~ 150 克重，两眼紧闭，身上只有稀疏的白毛，但有一条长尾巴。熊猫妈妈异常小心地把它们抱在怀里，一刻也不离开，且不停地用舌头舔着。

40 天后，幼崽才睁眼，5 个月后妈妈让它们学爬树，带到竹林去吃嫩竹，去溪边喝水，还教它们游泳……两年后，学会生存本领的幼仔才离开妈妈过着独立的生活。

大熊猫的本领

大熊猫看起来较为笨重，其实，它们不但是爬树能手，也擅长游泳；既能攀上高高的树巅，也能渡过湍急的河流。

食铁兽

大熊猫有一项特殊本领，就是吃生铁，因此，它还有一个特别的名称，叫“食铁兽”。1981 年 8 月，一只名叫莉莉的 7 岁雌性大熊猫被送到四川卧龙自然保护区饲养场，饲养员给它喂食，将马口铁盆子放到它面前，正准备往里面倒饲料，这只熊猫居然将马口铁盆子咬成碎块，一块一块地吞进肚子。饲养员吓坏了，不知所措。

当时，动物园很多专家都在关心这些铁能否消化。一天后，饲养员从莉莉的排泄物中找到了吃下去的碎铁片，人们才算放心。

后来，动物园的专家在查阅了有关资料之后才发现，大熊猫是有吃铁习惯的。在《尔雅·释兽》中，对大熊猫这样描述：似熊、小头、痹脚、黑白驳，能舐食铜铁及竹骨。

小宇宙之光

大熊猫从几十万年前就生活在地球上，能够生存至今，是因为它们能够改变自己去适应不断变化的环境。现实生活中，如果无法改变环境，不妨试着改变自己，也许会有意想不到的收获。

探索·传奇

熊猫醉水

你知道吗？憨态可掬的大熊猫经常做傻事。它在溪涧喝水时，看到自己清晰的水中倒影，以为又来了一只熊猫，于是，抢先喝起水来，直到肚子胀得圆滚滚的才肯离去。

可没走几步，它又不放心，回到池边，看到水中自己的倒影，以为那只大熊猫还在，怕水被喝光，又抢着拼命喝起来。

喝着喝着，它的肚子胀得厉害，只能倒在地上，通常3~4个小时之后才能恢复常态。当地人把这种情况叫作“熊猫醉水”。

"火焰色的猫"——小熊猫

huo yan se de mao　xiao xiong mao

生物特征

火焰色的猫

小熊猫是一种濒危的哺乳类动物，在希腊文中的意思是“火焰色的猫”。它是一种害羞的动物，尽管它的名字看上去与大熊猫十分接近，但在血缘上却和浣熊更为相似。

小熊猫体形肥胖，体长 40 ~ 60 厘米，尾长 28 ~ 50 厘米，体重 6 千克左右。全身呈红褐色，四肢呈棕黑色，圆脸，体毛长而蓬松，又称红熊猫、红猫熊，在中国也被称为“火狐”。它有一条长长的尾巴，几乎超过体长的一半。尾巴上的毛棕色与白色相间，形成醒目的九节环纹，所以也被称为“九节狼”。

生活习性

生活环境

小熊猫生活于海拔2000～3000米的高山林区或竹林内，性格温顺而机警，身手矫健并且擅长攀爬，所以它们可以在树林间穿梭自如。

小熊猫小档案

别称：红熊猫、九节狼

分布区域：中国的四川、云南、西藏，以及印度、缅甸、尼泊尔等地区

所属科目：脊索动物门，哺乳纲，食肉目，小熊猫科，小熊猫属，小熊猫种

小熊猫白天大部分时间都在树枝上或树洞中休息。因为对于温度十分的敏感，无法忍受超过25℃的气温，所以小熊猫会在树顶的阴影中睡觉来躲避日间的高温。

一旦到了黄昏时分，它们就开始活跃起来。它们借助灵巧的身躯沿着地面或是穿过树林，找到食物后会用前肢把食物送入口中，喝水时用前掌沾水再舔食掌上的水，动作十分招人喜欢。

它们一般独居，很少见到成对或家族群居，由于非常喜欢安静，只会发出“吱吱”声与同类沟通。

杂食性动物

因为行动迟缓，小熊猫无法捕食足够的动物，所以它渐渐适应了杂食，且以植物为主，喜欢吃野果、竹笋、嫩叶，有时也捕食小鸟、老鼠、昆虫等。

喜欢干净的动物

小熊猫非常喜欢干净整洁的生活。每天都是以仪式性的清洁动作开始的，首先它们会用前掌清洁毛皮，用树枝或石头来抓背。

领地意识非常强

小熊猫具有很强的领地意识，常在领地内巡逻，并用香腺或尿做标记，警告其他动物不要靠近它们的地盘。

当然，不是每一种动物都能理解它们的意思，有时也会出现不速之客，小熊猫也会审时度势。如果有威胁，它们就会立刻窜入敌人无法钻进的乱石或树林间。当威胁对象不是那么强大，它们就会发出尖锐的叫声，用后脚站立做出防卫动作，并以锐利的前爪对敌人发起攻击。友善的小熊猫不等于好欺负的小熊猫，碰到危险时也势必会进行反抗。

小宇宙之光

小熊猫生性温顺，但领地被侵犯时，它就会做出激烈的反击。可见，善良并不等于软弱。当我们的正义遭到攻击或者人格遭到羞辱的时候，做出有力地反击是我们唯一的选择。

探索·传奇

濒危的小熊猫

四川省作为我国小熊猫的主要集中分布区，数量曾经很多。但由于人类活动范围逐渐扩大，加上长期过度砍伐森林，使得森林资源急剧减少，导致小熊猫的种群数量大为减少。

如今，小熊猫被世界自然保护联盟列为易危物种。2012年4月28日，四川省林业厅小熊猫保护研究中心正式成立，以期更全面地保护这种濒危动物。

中华古猫——华南虎

zhong hua gu mao　hua nan hu

生物特征

中等体型的老虎

华南虎是中国特有虎的亚种，较其他虎种原始，头骨长度与头骨宽度的比值较大，体形修长，腹部较细，更接近老虎的直系祖先——中华古猫。

华南虎在老虎中体型中等，雄虎从头至尾身长约 2.5 米，重 125 ~ 225 千克，雌虎从头至尾身长 2.1 ~ 2.2 米，体重约 120 千克。

华南虎头圆，耳短，四肢粗大有力，尾较长，胸腹部杂有较多的白色，全身橙黄色并布满黑色横纹，横纹的间距较孟加拉虎、西伯利亚虎的大。

生活习性

生活地域

华南虎主要生活在森林山地。它们喜欢单独生活，通常不会结群活动。夜晚是它们活跃的舞台。

以何为食

野生华南虎喜欢吃鲜肉，捕食对象主要是有蹄类动物，如野猪、野牛和鹿等。雄性华南虎会攻击大型的猎物，如黑熊及马来熊等。

华南虎小档案

别称：中国虎、厦门虎

分布区域：中国华东、华中、华南、西南地区

所属科目：脊索动物门，哺乳纲，食肉目，猫科，豹属，虎种，华南虎亚种

繁育

华南虎的怀孕期约为 103 天，通常情况下，体质弱的华南虎每次仅产 1 ~ 3 仔，体质好一些的每胎会有 2 ~ 4 仔，产仔最高纪录为 5 仔。

敏锐的感官

华南虎在夜间的视力是人类的6倍。它们的眼睛能够反射任何照射在地面上的光线，所以在黑暗中总是幽幽地闪光，敏感的胡须也可以帮助它们在黑暗中探路。

匕首与刮刀

华南虎牙齿并不多，只有28~30颗，但每颗都锐利得能切肉割皮。它们的犬齿是肉食动物中最长的，像一把匕首，能轻易地将猎物的皮肤刺穿；门齿排成一条线，像一把刀，可刮下骨头表面的残肉。

捕猎

华南虎嗅到猎物的气味时，马上低伏着前进，寻找掩体，无声地从后面接近猎物。当距离猎物10~20米远时，突然跃起，用前爪抓住猎物背部，将其拖倒在地，随之扑到猎物身上，尖锐的虎牙一口咬断猎物的气管。

小宇宙之光

华南虎虽然凶猛异常，但终究抵挡不住人类的捕杀。面对濒临灭绝的华南虎，我们除了扼腕叹息外，还要吸取教训，总结经验，不要让其他的物种再次步入华南虎之后尘。

探索·传奇

濒临灭绝的华南虎

华南虎的濒临灭绝，是由于人们的错误认识造成的。新中国成立初期，野生华南虎的数量还有4000多头。20世纪50年代和60年代，人们将华南虎列为“四害”之一，组织专门的打虎队，对华南虎进行大规模捕杀，使得华南虎种群遭受重创。例如，根据我国皮毛市场每年虎皮收购量的不完全统计，仅1956年，全国收购虎皮1750张。目前，华南虎几乎在野外灭绝，仅能在各地动物园、繁殖基地里才能看到它们的身影。

尊贵的草原之王——非洲狮

zun gui de cao yuan zhi wang fei zhou shi

生物特征

威武雄壮的猫科动物

非洲狮是体格强壮的猫科动物，在非洲处于食物链的顶端，堪称非洲草原的王者。

非洲雄狮体长 2.5 ~ 3.2 米，体重为 190 ~ 270 千克。雌狮的体形要比雄狮小，体重 110 ~ 160 千克。

非洲狮的毛色以浅黄棕色为多，部分为浅灰色或茶色。雄狮还长有很长的鬃毛，鬃毛有淡棕色、深棕色、黑色等，长长的鬃毛一直延伸到肩部和胸部。研究表明，雄狮鬃毛的主要作用是以夸张的体形来吸引雌狮。

非洲狮头部巨大，脸型颇宽，鼻骨较长，耳朵比较短，形似半圆。它的四肢强壮，爪子宽大。它的尾巴相对较长，末端还有一簇深色长毛。

生活习性

以何为食

非洲狮通常捕食比较大的猎物，如野牛、羚羊、斑马，甚至年幼的河马、大象、长颈鹿等，当然，它们也不放过小型哺乳动物、鸟类等。有时它们也会抢其他肉食动物的猎物，也会在食物匮乏的情况下吃动物腐尸，甚至野果。

非洲狮小档案

别称：狮子

分布区域：撒哈拉沙漠以南的热带草原和荒漠地带

所属科目：脊索动物门，哺乳纲，食肉目，猫科，豹属，狮种

群居生活很幸福

非洲狮具有极强的群体意识，是猫科中唯一过群居生活的动物。与其他等级分明的动物不同的是，同一个狮群的雄狮和雌狮权利平等。它们大部分时间都能和睦相处，只有在分配猎物时，雄狮才会表现出比雌狮更强的主导姿态。

许多人认为，雌狮总在辛苦地捕猎，而雄狮则待在“家里”，过着“饭来张口”的生活，所以，我们忍不住要对雄狮表示不满。其实，事实并非如此。在一个狮群中，成年的雄狮和雌狮是有分工的：雄狮体格魁梧，是狮群的保卫者，负责整个狮群的安全；雌狮则主要承担捕猎和繁殖后代的任务。

领地

狮群的领地范围大小不等，例如，在卡拉哈里沙漠的狮群可能会有119～275平方千米的领地，最大的领地能超过400平方千米，领地的边界用排泄物划分。有时相邻狮群间的领地会有交叠，不过它们很少以暴力解决这一问题。一个狮群一般可以持续数十年，有记载的可以达到上百年。

繁育

雌狮全年都能够繁育，幼狮从出生至6个月大后才断奶。幼狮2岁时，雌狮会产下另一只幼狮，那时，两岁的幼狮便可以自己猎食了。

温情的雌狮

一个狮群的核心成员是6～7只雌狮，它们从小在一起生活、成长,有密切的血缘关系。母狮允许其他母狮新生的幼狮吃自己的奶，这在其他哺乳动物中，很少能有做到这一点的。由此可见，母狮对伙伴的孩子也有温情的一面。

雌狮是如何狩猎的

大多数情况下，雌狮之间以合作的方式狩猎，尤其是在捕获大型猎物的时候。狩猎的时间多选在月黑风高的夜晚，因为风吹草动制造的噪声会掩盖雌狮靠近猎物的声音。

狩猎开始后，雌狮从各个角度悄悄包围猎物，并逐步缩小包围圈。到了合适的距离后，几只雌狮专门负责驱赶猎物，另几只雌狮则埋伏在附近伏击。这种狩猎方式虽然比较高明，但是，成功率只有20%左右。

小宇宙之光

非洲狮贵为草原之王却无法阻止蚊子的叮咬，正所谓尺有所短，寸有所长。每个人都有自己的长处和不足，正确地认识和了解这些长处和不足，扬长避短，才能将事情处理得更妥当。

探索·传奇

非洲狮会爬树吗

我们知道，老虎不会爬树，那么，同样体形较大的非洲狮会爬树吗？答案是肯定的，非洲狮作为世界上最大的猫科动物之一，爬树对它们来说并不算什么难事。当然，非洲狮爬树是有原因的。

非洲狮爬树的一个重要原因，是抢夺花豹留在树上的食物。花豹习惯在捕猎后，把猎物拖到树上隐藏起来。非洲狮尽管没有花豹灵巧，却能爬上树抢走或偷走花豹的猎物。如果有机会的话，非洲狮也会顺便杀死花豹。

非洲狮在休息的时候，往往会寻找阴凉的地方打盹，以保存体力，而树上则是一个好去处，那里不但晒不到太阳，还可以躲避蚊虫的叮咬。

非洲狮虽然是草原之王，但有时也会遭到大型猎物的反击，如野牛群。成群的野牛一同冲击，足以让非洲狮丧命于牛蹄之下，此时，它们就会爬上大树逃命。

身手矫健的猎手——金钱豹

shen shou jiao jian de lie shou jin qian bao

生物特征

全身密布环形斑

金钱豹体形与虎相似，但较小，体重50千克左右，体长1米以上，尾长超过体长之半。头圆、耳短、四肢强健有力，爪锐利，伸缩性强。全身颜色鲜亮，毛色棕黄，有许多像古代铜钱形状的黑褐色圆斑，故称之为“金钱豹”。其背部颜色较深，腹部为乳白色。金钱豹的这一身打扮，不是为了好看，而是为了保护自己，躲过敌人，欺骗猎物。

生活习性

栖息地

金钱豹生活于山地森林、丘陵灌丛、荒漠草原等多种环境，从平原到海拔 3600 米的高山都有其身影。

它的巢穴比较固定，多在树丛、草丛或岩洞中筑巢。习性为昼伏夜出，白天潜伏在巢穴或树丛中睡觉。阳光透过森林，洒在它布满花斑的皮毛上，即使在几米之外，也难以发现它的存在。傍晚出来觅食，直到天明才休息。

金钱豹小档案

别称：花豹、文豹

分布区域：亚洲、非洲及阿拉伯半岛

所属科目：脊索动物门，哺乳纲，食肉目，猫科，豹属，金钱豹种

以何为食

金钱豹多以山羊、狍子、鹿、麝、麂、野猪、野兔、猴等为食，有时也吃鱼、鸟类，以及袭击家禽、家畜等。

繁育

冬末春初是金钱豹的繁育季节，它们通常在 3 ~ 4 月发情，孕期约 3 个月，6 ~ 7 月产仔，每胎生 3 ~ 4 个幼崽。

幼豹于当年秋季就离开母豹，独立生活，约三年性成熟。它们的寿命为 10 ~ 20 年。

金钱豹的武器

金钱豹可以说是完美的猎手，身材矫健，奔跑时时速可达 65 千米。它既会游泳，又会爬树。性情机敏，嗅觉、听觉、视觉都很好，智力超群，隐蔽性强，这些是老虎、狮子都办不到的。

金钱豹性情异常凶猛，犬齿大而锋利，裂齿也特别发达，有利于擒获和撕扯猎物。它的力量大得惊人，能叼起相当于自身体重 3 倍的猎物，并能把猎物拖到很高的树枝上。

金钱豹的捕猎手段

金钱豹的捕猎方式有两种：一种是隐蔽在树上，这样可以居高临下发现猎物，同时自身气味也会随风飘散，不易被猎物发现，但需要等待猎物从树下经过；另一种是偷袭，先潜行接近猎物，然后突然跃出，将其捕获。

吃不完的猎物则悬挂在高高的树枝上，这样既不易腐烂，又不易被别的动物吃掉，等食物匮乏时，再回来慢慢吃。

小宇宙之光

金钱豹在捕猎的过程中不仅是一位勇士，还非常懂得节制。它吃东西的时候会适可而止，从来不会把自己搞得大腹便便，因为那样就意味着它丧失了自己的优势：奔跑的速度下降，抓到猎物的机会变小，从而失去生存的能力。与一些人相比，金钱豹从不犯贪心的毛病，这让它永远保持着良好的竞技状态。

探索·传奇

勇猛无比的猎手

金钱豹不仅胆大，而且勇猛异常。我们常说某人“吞了豹子胆”，意思就是此人胆子大。

豹子胆子大是无可置疑的，它敢向比自己大得多的动物诸如牛、马、羚羊等发起进攻，且能屡屡得手。在豹子眼中，那些动物是不堪一击的。面对自己的对手，它永远保持凌厉的攻势。

憨态可掬——红毛猩猩

han tai ke ju

hong mao xing xing

生物特征

身披红毛的大猩猩

红毛猩猩也叫人猿，是灵长目人科的一属，与猴子最大的不同点就是没有尾巴，能用手或脚拿东西。它们与人类十分相近，与人类基因相似度非常高。人们把红毛猩猩称作世界上最憨态可掬的哺乳类动物。

红毛猩猩全身长着红褐色的粗长的毛发，只有脸部光滑无毛。它们双臂细长，并且上肢比下肢长。手脚窄长，手和脚的拇指均呈相对状，拇指都很短。雄性成年后，喉袋会逐渐松弛，垂至胸部，脸颊的两侧和眼睛上方会长出大块肉瘤般的赘肉。

生活习性

生活区域

红毛猩猩生活在马来群岛中部以及苏门答腊岛北部的热带森林中。从高高的树冠到较低的树枝都是它们的活动场所。夜晚，它们会在树上折取树枝铺成简单的巢睡觉，而且每个巢也只使用一次。

红毛猩猩小档案

别称：人猿

分布区域：马来群岛中部以及苏门答腊岛北部

所属科目：脊索动物门，哺乳纲，灵长目，人科，猩猩属

红毛猩猩在树上活动时，通常是手脚并用缓慢地移动。它们不会垂直跳跃，在地上行走时也是四肢着地，但由于行动迟缓，每天移动的距离也只有1000米左右。平时，它们表现得相当安静，尤其是成年后的雄猩猩经常会静坐不动，像一个打坐念经的和尚。

红毛猩猩通常过着群居生活，通常一只母猩猩带着数只小猩猩活动，而雄性则独自散居在附近，仅在发情时回到母猩猩的居住地。

食物

红毛猩猩的食物一般以植物为主，如果实、树叶、竹笋等，在所有食物中，它们特别喜欢味道奇怪的榴梿，有时也会吃鸟蛋。

爆发吧！动物的小宇宙

极强的领地意识

表面上看，红毛猩猩性情温顺，但是，在外敌进入其领地时，它们会变得非常暴躁，往往用夸张的姿势吓退来犯者，嘴里也会发出怪异而洪亮的声音，这种声音甚至在几千米外的地方都能听到。

小宇宙之光

红毛猩猩的生存现状警示人们，地球上每种动物都需要尊重和保护。但是人类在保护动物时，一般只考虑保护对人类有益的动物。其实，世界上没有绝对有害的动物，因为每一种动物在自然界都有它自己的位置和存在的理由。

探索·传奇

红毛猩猩的生存现状

根据国际人猿基金会的历史数据，红毛猩猩的数量在整个东南亚曾经数以十万计，但是，由于森林面积的减少和非法捕猎的猖獗，今天的红毛猩猩已经处于灭绝的边缘。全世界仅存5万～6万只红毛猩猩，而它们中有超过3/4居住在苏门答腊和婆罗洲岛上。

在过去20年中，红毛猩猩赖以生存的林地约有80%被砍伐或者烧毁。它已被世界保育联盟认定为严重濒危物种。从事野生生物保护的研究人员预测，若对偷猎活动和环境破坏不加制止，野生红毛猩猩将会绝种。

长鼻子的大力士——印度象

chang bi zi de da li shi　yin du xiang

生物特征

超级巨无霸

成年印度象体形巨大，可以称得上是超级巨无霸。身高可达 2 米以上，体长约 5 米（含鼻子），重达 3000 ~ 3500 千克。它的皮肤为深灰色至黑色，耳朵边缘和象鼻部分则呈浅褐色，随年龄的增长而越发明显。但由于其体表往往覆盖着各色泥土而会呈现出不同的颜色。皮肤厚达 3 厘米以上，多皱褶，体表散生极稀疏的短毛。尾巴上长有黑色尾毛，排成 2 行，毛长 10 ~ 15 厘米。

印度象头顶有两个明显隆起，俗称“聪明顶”或“智慧瘤”，眼睛很小，耳朵很大，耳朵边沿最高处一般不超过头顶。

印度象背部较平缓，中部略高或者背部前半部较高，后半部较低，胯部向后方倾斜。其前足外露有 5 趾。

生活习性

生活环境

野生印度象主要栖息于热带和亚热带雨林、季风林，也生活于灌木丛、稀树草原、河滩、湿地等环境。由于它们喜欢用水和泥浆洗浴降温，因此，印度象常常在距离水源较近的地方活动。

印度象小档案

别称：大象、野象

分布区域：南亚、东南亚

所属科目：脊索动物门，哺乳纲，长鼻目，象科，亚洲象属，亚洲象种，印度象亚种

饮食

印度象以植物的嫩枝、树叶、茎秆为主要食物，也吃植物的果实。每头成年印度象每天需要进食 150 ~ 240 千克，甚至 300 千克。

印度象一天消耗的水量达 60 千克左右。它们从食物中得到的盐分并不能满足庞大躯体对无机盐的需要，所以它们常在溪流边、水塘里摄取无机养分。

繁育

雌象一般在 16 ~ 20 岁第一次繁殖，由于年轻的雄象竞争不过强大的成年雄象，野生条件下一般没有繁殖机会。雌象每隔 4 ~ 8 年繁殖一胎，产仔期不固定，全年幼象都可能出生。

大部分雌象在夜间寻找有嫩草或地面柔软的地方生产，有时由其他雌象担任接生婆。幼象刚出生时会先静静地睡一段时间，然后

慢慢地抖动耳朵、尾巴、鼻子和脚，之后就在其他象的搀扶下站起来，尝试走路。大约 2 天后才能随象群到处活动。

幼象从雌象身体侧面吃奶，吃奶时把鼻子向上扬起用嘴吃奶，不到一岁的小象不会用鼻子卷东西和吸水，喝水时会俯下身直接用嘴巴喝。幼象要由母亲悉心照料到 5 岁左右。

运动能力

印度象运动能力很强，最快速度可达每小时 24 千米；游泳速度达每小时 1.6 千米，可连续游 5 ~ 6 小时。

听觉系统发达

印度象听觉系统非常发达，它们能发出多种声音，例如，低沉的隆隆声，鼻子喷气声，以及用喉部和鼻腔共鸣产生的嘹亮的“嗷喔”声。印度象还能发出频率为 12 ~ 24 赫兹的次声波，穿透力很强，可以传播到 20 千米以外，这种声音人类听不到，但是其他大象却能听得见。

敏锐的嗅觉

印度象通过嗅闻粪便、尿液，以及身体表面腺体散发出来的气味，可以获得很多信息，包括个体识别以及同性或异性个体是否发情等。

小宇宙之光

印度象数量的日益减少，警示人类应该努力寻求人与自然的和谐共处；如果继续像以往一样对大自然毫无节制的索取，必将给地球带来灾难性的后果。

探索·传奇

聪明的印度象

印度象非常聪明，大脑及小脑都极度发达，具有极强的记忆力。

经过训练的印度象能够画画，还能照顾小孩，它们甚至能认出镜子里的自己，而不会把它当成其他同类，只有极少数动物能做到这一点。

面对人类架设的用于拦截动物的电网，大多数动物都束手无策，而印度象却有自己的办法：它们会用树枝搭在电线上使其短路，或者推倒大树压倒电网，从而使电网失去作用。看来，印度象是一种高智商的动物。

犀牛之王——白犀

xi niu zhi wang　bai xi

生物特征

体形最大的犀牛

白犀体大威武，形态奇特，号称“犀牛之王”。成体一般体长3.3～4.2米，尾长50～70厘米，肩高150～180厘米，体重1.4～3.6吨。体躯浑圆粗壮，四肢粗壮有力，前后肢均具有3趾。皮肤光滑，厚2～3厘米，只有耳边和尾端才有毛。它的肩部由发达的髓棘形成隆起的肩峰，髓棘连接着韧带以支持头部。

白犀的头部很长，长约120厘米，眼睛很小，分别长在头部两侧，观察物体时，首先用一个眼睛盯着看，然后再用另外一个眼睛看。上唇平而宽，呈方形，由于接触面积大，吃起草来就像割草机一样。

大多数食草动物的角都长在头顶上，但它的角却长在鼻子上，两只角一大一小、一前一后，十分有趣。它的前角长而向后弯，一般长度在80～100厘米之间；后角长度一般在50厘米以下。

生活习性

生活环境

目前，野生白犀仅生长于乌干达和尼罗河上游，栖息在非洲草原。它们性情温和，通常结成小群或整个家族在一起生活。傍晚、夜间和清晨活动，白天在茂密的丛林或草丛中休息。

白犀小档案

别称：方吻犀、宽吻犀

分布区域：非洲东部和中南部

所属科目：脊索动物门，哺乳纲，奇蹄目，犀科，白犀属，白犀种

食物

白犀是食草动物，它们非常贪吃，有时候只顾吃东西，7～8个小时也移动不了1000米，吃过的草地，就像被修剪过一样整齐。白犀有固定地点排便的习性，这些地方往往粪便堆积如山。

繁育

白犀没有固定的发情期，雄兽在求偶时会发出一种奇怪的声音作为情歌。雌兽每3年生产一次，怀孕期为547天左右，每胎仅产1仔。

初生的幼仔体重为45～50千克，叫声很尖，较为耐寒，小白犀出生后3天会一直跟随在母亲的身边。哺乳期大约为一年，但从3个月后小白犀就能啃咬青草了。1岁时体重可达218千克左右，6～9岁性成熟。

白犀的角

白犀的角是所有犀牛中最长的，最长纪录为158.7厘米。它们的角不是骨质的，而是由角质纤维堆积而成，所以并没有长在骨头上，是长在皮肤上，虽说不是骨质的，但却和钢刃一样坚硬和锋利，是白犀自卫和进攻的武器。

小宇宙之光

人类是白犀最大的敌人，如今，它们几乎被逼到了绝境。让我们行动起来，一起为拯救这些走在悬崖边上的生命而努力吧。

探索·传奇

生存现状

白犀曾经广泛分布于非洲，但是，由于人类的乱捕滥猎，白犀的数量急剧下降。目前，白犀已被列入《濒危野生动植物种国际贸易公约》。

然而，犀牛角的黑市交易仍然火爆，在也门有专门的犀牛角交易市场，那里制作的犀牛角制品是众多买家和卖家关注的焦点。

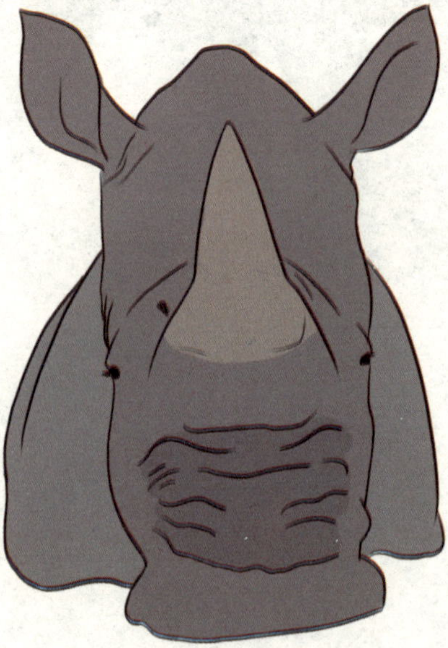

目前，为了保护濒危的犀牛类动物，包括我国在内的世界各国采取了多种多样的措施，特别是严禁犀牛角的贸易，取得了一定的效果。

长尾巴猴子——黑叶猴

chang wei ba hou zi　hei ye hou

生物特征

头小尾长的猴子

黑叶猴是珍稀的灵长类动物之一，它们分布区域狭窄，数量很少。黑叶猴体形纤瘦，四肢细长，头小尾巴长。成体体长为 50 ~ 60 厘米，尾长却能达到 80 ~ 90 厘米，体重 8 ~ 10 千克。雌兽的臀部内侧有一块略呈三角形的花白色斑，使之成为区别雄兽的主要特征。

体色多为黑色，头顶有一撮竖直立起的黑色冠毛，宛如戴了一顶帽子，两颊从耳尖至嘴角处各有一道白毛，形状好似两撇白色的胡须。

刚出生的小黑叶猴，全身乳黄色，头部则为金黄色，尾为黑色，30 天左右后就会全身变黑，但头部还是金黄色。

在黑叶猴的栖息地也曾多次发现全身为银白色或者身上具有一些白色斑块的变异个体，这在灵长目动物中是非常少见的。

生活习性

栖息地

黑叶猴主要栖息在热带、亚热带地区，那里森林繁茂，灌木丛生，山势险峻，岩洞较多。它们早晨和傍晚外出觅食，夜间则栖息于悬崖峭壁间的天然岩洞内，通常在树木的上层活动、采食，很少到地面上活动。

食物

黑叶猴以植物性食物为主，它不仅采食嫩叶，也吃嫩芽、茎、花、果实和种子等，其中喜欢吃的植物有木棉、无根藤、女贞、沙梨、荔枝等20多种。

黑叶猴小档案

别称：乌叶猴，乌猿

分布区域：热带、亚热带地区

所属科目：脊索动物门，哺乳纲，灵长目，猴科，乌叶猴属，黑叶猴种

高度的警觉性

黑叶猴的警惕性非常高，每天黄昏进洞之前都由群体中担任首领的雄兽率先入洞观察，没有发现什么特殊变化时，其他成员才依次进入，最后进洞的是怀孕和带有幼仔的雌兽。

小宇宙之光

时刻保持高度警惕是黑叶猴得以生存下来的原因之一。生之为人，同样要时刻保持清醒的头脑，这样，我们才能从容应对各种难题。

探索·传奇

差劲的猴妈妈

动物学家经过多年的跟踪观测，发现黑叶猴的习性非常复杂，有时会表现出很野蛮的社会行为。例如，雌猴会自发地遗弃那些受伤的幼猴，有时甚至将它们杀死。

食梦者——山貘

shi meng zhe　　shan mo

生物特征

怪异的长相

山貘是现存最原始的奇蹄目动物，保持着前肢4趾、后肢3趾等原始特征。山貘属于貘科体形较小的一种。

山貘长相怪异，和猪有点类似，有可以伸缩的短鼻子。身上有一层卷毛，也被称为毛貘。耳朵大小适中，呈卵圆形，尾巴极短，有1对乳头。

生活习性

出没于人迹罕至的密林深处

山貘生活在海拔 2000 ～ 3800 米的亚热带密林中。由于它们栖息的地区人类难以进入，因而人们对它们知之甚少。

山貘大多数情况下过着独居的生活，只有在繁殖季节才会见到雌兽和雄兽同时出入的场景。它们在森林中的空地上觅食，也常在水池里打滚以杀死皮肤上的寄生虫。夜间行动时会发出特殊的尖哨声或喷鼻声。

食物

山貘以水生植物，各种嫩枝、嫩叶和果实为食。

山貘小档案

别称：毛貘

分布区域：哥伦比亚、厄瓜多尔与秘鲁的安第斯山脉

所属科目：脊索动物门，哺乳纲，奇蹄目，貘科，貘属，山貘种

自保

山貘的胆子非常小，当它受到威胁时，常常以逃跑的方式躲避，如果附近有水塘，它们就躲到水里，把鼻子伸出来探听情况。它们的鼻子相当敏锐，可以侦测食物、危险，也可以在水里伸出鼻子呼吸。其实，它们也可以靠有力的下颚及尖锐的牙齿来保卫自己。

小宇宙之光

山貘生性胆小，遇到危险除了逃跑就是躲藏，事实上，它们可以利用锋利的牙齿自卫，但是，它们没有勇气与敌人战斗。对我们来说，怯懦是人生的大敌，需要勇气来战胜它。

探索·传奇

山貘的传说

相传，在日本山貘是一种会食人噩梦的神兽。当朦胧的月色洒满大地，它就会从幽深的森林里出来，来到人们居住的地方，吸食人们的梦。它不会害怕在吃梦的时候吵醒熟睡的人们，因为它生性胆怯，在夜色中，只会发出轻轻的、像摇篮曲一样的叫声。于是人们在这样的声音陪伴下越睡越沉，它便把人们的梦慢慢地、一个接着一个地收入囊中。在吃完人们的梦之后，它又悄悄地返回到丛林中，继续过着神秘的生活。

“四不像”——麋鹿

si bu xiang　mi lu

生物特征

四不像

麋鹿的面部像马、角像鹿、尾像驴，蹄像牛，因此被称作“四不像”，是中国特有的动物，也是世界珍稀动物。其实，麋鹿长成这样主要是利于生存。它的脸长得像马，又宽又长，是为了方便取食水中的食物。它的角在鹿科动物中是独一无二的。它的蹄子长得

像牛蹄，又宽又厚，在泥沼中行走非常方便，可以减少压力，快步前进。它的尾巴像驴尾巴，有利于驱赶蚊蝇，保持卫生。

麋鹿体长达2米，重100~200千克，雌性体形相对较小。夏季体毛变成赤锈色，颈背上有一条黑色的纵纹，腹部和臀部均为棕白色。秋季以后体毛被较长而厚的灰色冬毛所取代。

麋鹿小档案

别称：四不像

分布区域：北京、湖北、江苏的自然保护区

所属科目：脊索动物门，哺乳纲，偶蹄目，鹿科，麋鹿属，麋鹿种

它的头部很大，吻部狭长，鼻端裸露部分宽大，眼睛比较小。颈和背比较粗壮，四肢粗大。主蹄宽大能分开，趾间有皮腱膜，侧蹄发达，行走时带有响亮的磕碰声。

麋鹿的尾巴呈灰黑色，末端为黑褐色。

雄性小麋鹿在2岁时开始长角分叉，6岁叉角才发育完全。角的形状较特殊，没有眉杈，角干在角基上方分为前后两枝，前枝向上延伸，然后再分为前后两枝，每小枝上再长出一些小杈，后枝平直向后伸展，末端有时也长出一些小杈。雌性头上无角。

生活习性

麋鹿生活在哪里

麋鹿生活在温润潮湿的环境下。如今，它们在野外几近灭绝，仅存在于自然保护区和麋鹿繁殖基地内。

食物

麋鹿主要吃草及各种水生植物，有时也吃嫩枝。如果枝叶高不可攀，它们就会将小树撞倒，然后饱餐一顿。到了冬天，麋鹿需要不停地觅食，才能满足自身的能量所需。它们常常踏着积雪，寻找埋在雪下的浆果和柳芽，或者把雪堆成小丘，然后站在上面去攫取高处的嫩枝。

判断年龄

要想知道麋鹿的年龄，就看它的前齿。它的前齿齿龈上有像树一样的圆圈，一圈代表一岁。

打架也温和

雄麋鹿之间时常会发生对峙、角斗的现象。但是这种角斗方式非常温和，没有太过激烈的冲撞和大范围的移动，角斗的时间一般也不会超过 10 分钟，作为失败者的雄麋鹿只是掉头走开，胜利者也不会纠缠不休，很少发生麋鹿之间互相残害的现象。雄鹿占群后，其他雄鹿窥视雌鹿、占群时，雄鹿也仅仅是用吼叫和追逐等方式赶走对方。

小宇宙之光

麋鹿的种群现状警示人们，保护这一珍贵物种还需要人类共同的努力。

探索·传奇

麋鹿重回故土

麋鹿在3000年以前相当繁盛，以长江中下游为中心，西至山西省，北到黑龙江省的广大地区曾广泛分布。后来，由于自然气候变化和人类的猎杀，在汉朝末年麋鹿就近乎绝种。

元朝时，野生麋鹿在自然界已经灭绝。到19世纪时，只剩下北京南海子皇家猎苑内的一群麋鹿，二三百头。

1866年，麋鹿被法国传教士大卫发现并命拉丁种名，外国公使利用贿赂、偷盗等手段掠走部分麋鹿。1894年，永定河泛滥冲毁皇家猎苑围墙，残存的麋鹿逃出，后被难民和八国联军猎杀抢劫，从此麋鹿在中国消失。

1985年，在世界野生动物基金会的努力下，英国伦敦5家动物园向中国无偿提供麋鹿。1985年8月，22头麋鹿从英国运抵北京，当晚运至南海子原皇家猎苑，奇兽重新回到了它们在中国最后消失的地方。1986年8月，39头麋鹿从英国经上海运抵江苏省大丰市，麋鹿重新回到它的祖先栖息的沿海滩涂。2012年，中国已在北京、江苏省大丰市、湖北省石首市、河南省原阳县等地实施麋鹿散养计划，形成种群。截至2015年底，全国已有麋鹿4000多头。

树木间纵横——熊狸

shu mu jian zong heng　xiong li

生物特征

长尾巴的猫科动物

熊狸别名熊灵猫，为灵猫科下的第二大物种。它们貌似小黑熊，长着一条与身体差不多长的粗壮尾巴。

其体毛黑色蓬松，杂有浅棕黄色，耳缘为白色。四肢粗壮，五趾长有利爪；尾巴有异于同科其他动物的缠绕功能。头、眼周、前额和下颏部暗灰色，唇旁的长须呈白色。

生活习性

典型的树栖动物

熊狸栖息于热带雨林或季雨林中，常在高大树木上攀爬跳跃，为典型的树栖动物。它们白天在树上睡觉，晚上出来活动。

熊狸小档案

别称：熊灵猫

分布区域：亚洲

所属科目：脊索动物门，哺乳纲，食肉目，灵猫科，熊狸属，熊狸种

杂食性

熊狸主食果子，也取食鸟卵、嫩叶、啮齿动物和小鸟。和熊一样，熊狸是一种食肉目的杂食动物。

交流

熊狸用位于尾部的嗅腺在树上蹭擦来标记领土，与同类进行嗅觉交流，在树上爬的时候，会留下一道道的嗅痕。

熊狸的繁殖

熊狸每年2~3月发情交配，孕期2~3个月，一般5月中下旬产仔，一胎2~4仔。幼体2岁性成熟。野外生存的熊狸寿命为10～15年，在人工饲养环境下，熊狸能活20年。

熊狸的第五只手

熊狸的尾巴非常长，长有蓬松粗糙的毛，具有抓握功能，相当于它的第五只手。在爬树的时候，它们可以借助尾巴缠绕树枝，以维持身体的平衡。实际上，只有两种食肉目动物的尾巴有此功能，熊狸便是其中之一。

小宇宙之光

熊狸有一条无所不能的尾巴，在生活中帮了它的大忙。当然这只尾巴的功能是在长期的进化过程中才得以像现在这样运用自如。其实，人的部分器官也可以在强化训练中得以发挥更大的作用，如博闻强记的大脑、口吐莲花的嘴等。只要你用心去改变，它就能在生活中为你立下汗马功劳。

探索·传奇

在中国的生存现状

熊狸在我国的分布区域不广。目前，仅分布于云南西南部和南部的部分边境县区。西双版纳种群因生境大大缩小，其数量已大为减少，云南西部盈江铜壁关自然保护区可能尚有数十只熊狸残存。我国熊狸的数量估计已不到 200 只，处于高度濒危状态。

云南有 4 个自然保护区，即屏边大围山自然保护区、西双版纳自然保护区、沧源南滚河自然保护区和盈江铜壁关自然保护区。在这些保护区中栖息的熊狸，得到了很好的保护。

体形最小的鳄鱼——扬子鳄

ti xing zui xiao de e yu　yang zi e

生物特征

体形最小的鳄鱼

扬子鳄是一种古老的、现存数量稀少的濒危爬行动物。在它身上，至今还能找到恐龙类爬行动物的许多特征，因此，被誉为“活化石”。我国已经把它列为国家一级保护动物。

扬子鳄是中国特有的鳄鱼，也是世界上体形最小的鳄鱼之一。成年扬子鳄体长很少超过2米，一般只有1.5米长，尾长与身长相近。

它们身体的背面为灰褐色，腹部前面为灰色，自肛门向后灰黄相间。身上披着革质甲片，腹甲柔软，甲片近长方形，排列整齐，有两列甲片凸起形成两条脊纵贯全身。

扬子鳄的吻短而圆，吻的前端生有一对鼻孔。有意思的是，它的鼻孔长有瓣膜，可开可闭。四肢短而有力，前肢有五指，指间无蹼；后肢有四趾，趾间有蹼。这些结构特点使它们成为水陆两栖动物。

生活习性

家在何处

扬子鳄主要分布在中国的安徽、浙江、江苏的交界处，它们生活在淡水里，喜欢在湖泊、沼泽、山涧和潮湿地带栖息。

扬子鳄喜欢安静，白天会隐居在洞穴中，夜晚才外出进行觅食。有时白天会在洞穴附近的岸边和沙滩上晒太阳。它们常紧闭双眼，趴伏不动，处于一种半睡眠状态，给人们以行动迟钝的假象，但当它遇到敌害时，就会立即将粗大的尾巴用力左右甩动，迅速沉入水底逃避。

食性

扬子鳄性情凶猛，以各种兽类、鸟类、爬行类、两栖类和甲壳类等动物为食。它们看似尖锐锋利的牙齿实际是槽生齿，这种牙齿不能撕咬和咀嚼食物，只能像一把大钳子将食物牢牢夹住，然后一口吞进肚子。饱食一顿的扬子鳄可以长时间不吃东西。

繁殖

每年的 6 月上旬，扬子鳄就开始繁育。到了 7 月初，雌鳄就开始用杂草、枯枝和泥土在合适的地方修筑巢穴。

7 ~ 8 月份雌鳄开始产卵，每窝可产卵 10 ~ 30 枚。卵为灰白色，比鸡蛋略大。卵产在草丛中，上面覆盖有杂草，母鳄会在一旁守护，由于此时已经是炎热夏季了，部分巢材和厚草在强烈的阳光照射下腐烂发酵，散发出热量，鳄卵正是利用这种热量和阳光的热能进行孵化的。

孵化期约为60天，母鳄在巢边听到仔鳄的叫声后，马上就会扒开盖在仔鳄身体上面的覆草等，帮助仔鳄爬出巢穴，引领它们来到水池内。小鳄鱼体表有橘红色的横纹，色泽非常鲜艳，与成年鳄鱼体色有明显的不同。

扬子鳄小档案

别称：中华鼍（tuó）、土龙、猪婆龙

分布区域：中国长江中下游地区

所属科目：脊索动物门，爬行纲，鳄目，鼍科，短吻鳄属，扬子鳄种

冬眠动物

扬子鳄有冬眠的习性，它们所在的栖息地冬季较寒冷，气温会降到0℃以下，它们只好钻到地下洞穴蛰伏，穴深2~3米，有1~3个出口，穴顶有通气孔，洞中铺有枯木、杂草等。

冬眠的时间从10月下旬开始到第二年的4月中旬左右结束，足足有半年之久。它在冬眠的初始和即将结束的两段时间内，入眠的程度不深，受到刺激会有反应。中间这段时间入眠的程度很深，就好像死了似的，甚至无法观察到它的呼吸现象。

高超的挖洞本领

扬子鳄具有高超的挖洞本领，它的头、尾和锐利的趾爪都能作为打洞的工具。

扬子鳄的洞穴一般会超过三个，每个洞穴都有多个洞口，有的在岸边滩地芦苇、竹林丛生处，有的在池沼底部，地面上有出入口、通气孔，而且还有适应各种水位高度的洞口。洞内有走廊、卧室、水潭等，弯曲纵横，相互交错。

解决体形较大猎物的办法

当扬子鳄捕到体型较大的陆生动物时，会将它们拖入水中淹死。当扬子鳄捕到较大的水生动物时，就会把它们抛上陆地，使猎物窒息而死。当猎物大到无法吞咽的时候，它就用大嘴夹住猎物在石头或树干上猛烈摔打，直到把猎物摔软或摔碎后再张口吞下。

强大的胃

扬子鳄有一个特殊的胃，胃里不仅含有的胃酸多而且酸度高，所以它的消化功能特别好，不管是什么样的食物都能消化。

小宇宙之光

鳄鱼眼泪的科学解释告诉人们，道听途说的事情不足为信，唯有深入的研究和观察，才能找到科学的答案。

探索·传奇

鳄鱼的眼泪

我们常用“鳄鱼的眼泪”来形容一些假慈悲的人，因为扬子鳄在进食时，会一边流着泪水，一边把小动物吞下。表面上看，好像不忍心吃掉它们一样，实际上，扬子鳄虽然在流眼泪，但这不代表它们的感情波动。

我们知道，每种动物都需要排出身体内多余的盐分。人类一般通过皮肤排汗或排尿达到这一目的，而扬子鳄排盐的方式比较特别。它们体内有一个排出多余盐分的腺体，这个腺体正好位于眼眶内，它就利用这个专门处理盐分的器官，把多余的盐分浓缩起来，借道眼睛，像泪珠似的淌出来。由此可知，鳄鱼流眼泪的时候是在排出体内多余的盐分。

传说中的美人鱼——儒艮

chuan shuo zhong de mei ren yu ru gen

生物特征

体形似纺锤

儒艮俗称美人鱼，它既不是人也不是鱼，而是一种较大的海兽。其实，它长得一点儿也不美。

儒艮的身体呈纺锤状，体长 2.4 ~ 2.7 米，也有 3 米以上的，但十分罕见，一般雌性的体型要比雄性大一点。它们皮肤光滑，外观呈褐色至暗灰色，腹部颜色比背部浅，体表毛发稀疏。颈部较短，但仍可以有限度的进行头部转动或点头。

儒艮的前肢比较短、呈鳍状，末端略圆而且没有趾甲。幼儒艮主要靠胸鳍来运动，成年后就会转变为以尾鳍为主。儒艮没有外耳壳，只能看得到小小的耳孔，眼睛也非常小。雌兽有乳房 1 对，乳头位于前肢基部处。鼻孔位于吻部顶端，周围有皮膜能够在潜水时盖住鼻孔。宽而扁平的嘴位于厚重吻部的末端下方，嘴边长有短须。

生活习性

儒艮小档案

别称： 美人鱼、南海牛、海牛

分布区域： 西太平洋与印度洋海岸

所属科目： 脊索动物门，哺乳纲，海牛目，儒艮科，儒艮属，儒艮种

十足的“懒汉”

儒艮多在距海岸20米左右的隐蔽条件良好的海草丛中出没，每次吃饱后，除了不时出水换气外，它们喜欢潜入30～40米深的海底，伏于岩礁等处静静地卧着。有时，它们随潮水进入河口，取食后又还会随潮水回到海中。它们对海水的温度有一定的要求，当水温低于15℃，容易感染肺炎死去。因此，儒艮很少到水温较低的外海活动。

胆小鬼

儒艮生性胆小，只要稍稍受到外界的惊吓，便会立即逃避。它们行动速度不快，拼命逃跑时，速度也不会超过每小时9000米。

以何为食

儒艮是海洋中唯一的食草性哺乳动物，它最喜欢的食物是海草，但也会经常尝试其他的海底植物。

儒艮一般白天或晚上都会进食，但在人类活动频繁的地区，则会选择在晚上觅食。每天要消耗45千克以上的水生植物，有很大一部分时间用在摄食上。它们咀嚼海藻的动作酷似牛，一面咀嚼，一

面不停地摆动着头部。

它们喜欢成群活动，有时会组成 6 头左右的小群体，有时甚至会组成达数百头以上的大群。

生长繁殖

儒艮妊娠期为 11 ~ 14 个月，每 3 年怀胎一次，每胎产 1 仔，幼仔从出生到发育成熟需要 7~8 年。幼儒艮非常脆弱，皮肤很薄，常会丧命于鲨鱼口中。幼儒艮约 3 个月就可以开始摄取固体食物，但要到 18 个月后才断奶。在哺乳期间，母亲的进食量是平时的几倍。长大后，幼儒艮还会跟随母亲身边数年。

灵敏的听觉

儒艮行动缓慢，性情温顺，视力很差，听觉却非常灵敏，平常一副睡不醒的样子，如果听到一点动静，马上就会逃之夭夭。

小宇宙之光

虽然儒艮的外表并不漂亮，却有一颗慈母般的心。由此可知，衡量一个人的品质，不可仅凭相貌来判断。

探索·传奇

儒艮为什么有“美人鱼”之称

儒艮俗称美人鱼，我们知道，它的相貌并不怎么好看，似乎也与美人无法联系在一起，那么，它为什么还有这一称号呢？这还得从几个世纪前说起。

哥伦布发现美洲新大陆后，欧洲各国纷纷派船去美洲探险寻宝。每当黄昏日落或者明月高悬的时候，海上漂泊的探险者和水手们常常会透过弥漫的水雾看到一些袒胸露肤的美丽“女人”在海上游泳、嬉戏，还有的把自己的“婴儿”抱到胸前喂奶。而这些“女人”的下半身像鱼一样，它们时而出现，时而又被海上的迷雾遮住，就好像是若隐若现的美人鱼。因此，被冠以了美人鱼的称号。

后来，细心的欧洲人才发现，一直被称为“美人鱼”的动物并不是什么神秘生物，只是一些浮在水面上的母儒艮。因为母儒艮的乳房比较丰满，高高隆起竟有人的拳头那么大，所以在朦胧月色中使人产生一种看到美女的错觉。

长江中的"活化石"——中华鲟

chang jiang zhong de "huo hua shi" zhong hua xun

生物特征

身披骨板的鱼

中华鲟与普通鱼不同，头和嘴都很尖，尾巴歪翘，身体披着五道坚硬的骨板，体重一般在 50 千克以上，最大者达 500 千克，体长可超过 4 米。

生活习性

中华鲟小档案

别称：鲟鱼、鳇鱼

分布区域：长江流域

所属科目：脊索动物门，硬骨鱼纲，鲟形目，鲟科，鲟属，中华鲟种

分布区域

中华鲟以前在我国分布广泛，国外常见于朝鲜汉江口和日本九州西侧。现在中华鲟主要分布于我国长江干流金沙江以下至入海河口，其他水系如赣江、湘江、闽江、钱塘江和珠江也偶尔发现。

食物

中华鲟是一种底栖鱼类，肉食性。它们对食物比较挑剔，在江中只以一些小型或行动迟缓的底栖动物为食，在海洋则以鱼类为食，有时也会猎食少量的甲壳类和软体动物。它们在产卵期一般会停止进食。

生长繁殖

中华鲟是一种洄游鱼类，大部分时间都生活在长江入海口的水域中，每年会从入海口逆长江而上，10 月上旬至 11 月上旬游到金沙江及川江上游一带进行繁殖。

中华鲟产卵量非常大，一只雌鱼一次性可以产下上百万个鱼卵，但存活率却非常低。中华鲟是体外受精的鱼类，在水流湍急的河流中，受精的成功率本来就不高；再加上受精卵在孵化过程中，如果遭遇天敌捕食或者被水浪推到岸上，也不能孵化成小鱼。等到小鱼被孵化出来以后，长江中的各种鱼类也会欺负这些没有生存和防御能力的幼崽。如此一来，虽然中华鲟产卵量惊人，但最后能存活下来并传宗接代的并不多。

受精卵需要经 5 ~ 6 昼夜孵化，刚出膜的仔鱼带有巨大的卵黄囊，外形好像一只小蝌蚪，在水中四处飘荡， 12 ~ 14 天以后开始摄食。孵出的幼鱼需要在江中生长一段时间后，才能回到长江口育肥。

中华鲟年平均生长速度较快，但从幼鱼长到成鱼需 8 ~ 14 年。中华鲟寿命较长，可达 40 岁。

留恋故乡的中华鲟

中华鲟是非常珍稀的物种，外国人也希望可以将它移居到自己的江河内进行繁衍。可是中华鲟总是思念着自己的故乡，即使有些被移居海外，也会洄游到故乡的江河中繁育后代，洄游距离通常超过上千千米。在洄游途中，它们表现出了惊人的耐饥、耐劳、识途和辨别方向的能力。

小宇宙之光

作为稀世之珍，中华鲟的价值无法估量。其实，每个物种包括每个人都有其存在的价值，而为社会做了多大的贡献，是衡量价值的标准之一。

探索·传奇

“长江中的活化石”

中华鲟作为地球上最古老的脊椎动物，它们曾经和恐龙生活在同一时期，也是鱼类的共同祖先——古棘鱼的后代，距今已有1.4亿年的历史。

中华鲟在分类学上占有极其重要的地位，是研究鱼类演化的重要参照物，在研究生物进化，及地质、地貌、海侵、海退等地球变迁方面都具有重要的科学价值和难以估量的生态、社会和经济价值。

中华鲟的分布极为狭窄，全世界只有中国才有，并且集中分布在长江流域，故而被誉为“长江中的活化石”，是中外瞩目的稀世之珍，1988年被列为国家一级保护动物。

六角恐龙——钝口螈

liu jiao kong long dun kou yuan

生物特征

长相奇特的动物

钝口螈也叫六角恐龙，它们个头虽然不大，只有十几厘米，但是因为头上长有6根长角，这副尊容给人留下了深刻印象。它们其实是一种蝾螈，属于两栖类，与娃娃鱼(大鲵)、青蛙等都是亲戚。

它们的学名叫作美西钝口螈。头上6个角平均分布于头部两侧，每边3根，其实是用于呼吸的腮叶。腮叶一般为红色，但会随食物的颜色而改变，如吃红色肉类的种类，腮会变成红色。眼较小，舌大，牙齿细得很难被发现，一般用来夹住食物而非撕裂和咀嚼食物。

生活习性

生活环境

钝口螈多数种类成体以陆栖为主，穴居于土洞内。早春繁殖期间进入水塘或溪流内产卵，也有个别种类秋季在陆上产卵。冬季来临时，幼体进入水中生活。

钝口螈小档案

别称：美西螈、六角恐龙

分布区域：墨西哥的一个湖泊中

所属科目：脊索动物门，两栖纲，有尾目，钝口螈科，钝口螈属

肉食动物

钝口螈是肉食动物，其主要食物为蠕虫、昆虫或小鱼。

强大的再生能力

钝口螈最奇特的特性是复原能力，它受伤后不会以结疤的形式自愈，而是会在几个月内长出新的肢体。

某些个案证明，它们可以自愈（重生）出重要的器官，例如：脑部。它们接受外来器官的能力很强，眼睛及部分脑部移植后可以完全恢复正常。

在某些个案里，当钝口螈的肢体受伤后（并没有被截肢），会长出新的肢体（例如：五条腿）。变态后，器官再生的能力会大大减弱。

小宇宙之光

在弱肉强食的自然界中，钝口螈这一物种能够生存至今，离不开其强大的再生能力。对于我们来说，知识是学习任何一个本领所必需的，掌握了渊博的知识就意味着我们有了更大的生存空间。

探索·传奇

人工饲养的六角恐龙

人们早在 100 多年前就开始饲养六角恐龙，用于实验和研究。如今在我国各大城市的宠物市场上，也能见其身影。

人工饲养条件下，在野外难以存活的变异个体都活了下来。多变的体色是它们的魅力之一，常见到的有普通体色、白色、金黄体色、全黑体色等。

饲养的六角恐龙习性和野生的没有太多不同，它们依然是“游泳健将”：收起腮以减少阻力，四肢向后一蹬便能快速游走，宽大的尾部就像舵一样掌握方向，很是灵活。

看上去很温柔——桃花水母

kan shang qu hen wen rou tao hua shui mu

生物特征

形如桃花

桃花水母是一种最原始、最低等的无脊椎腔肠动物，在地球上已存在6.5亿年，被誉为生物进化研究的“活化石”。由于其状如桃花，并多在桃花盛开时节出现，故名桃花水母。

桃花水母通体透明，像透明小伞在水中悠然漂浮，它们无头无尾，呈圆形，晶莹透亮，柔软如绸，身体周边长满了触角，中间长着呈桃花形分布的触角状物体。它们在水中一张一缩上下飘荡，悠然自得。

生活习性

桃花水母小档案

别称：桃花鱼、降落伞鱼

分布区域：温带淡水区域

所属科目：刺胞动物门，水螅纲，淡水水母目，笠水母科，桃花水母属

肉食动物

桃花水母多以剑水蚤、小线虫、小环虫、蝌蚪、鱼苗等为食。

繁殖

我国在早春看到的桃花水母为成熟的水母体，有雌雄之分。它们将卵子和精子排到水中，卵受精发育成一个微小的布满纤毛的浮游幼虫，幼虫一端接触石块等外物后，固着在那里，发育成一个极小的树枝状的水螅体。水螅体可度过酷热的夏季和寒冷的冬季，待来年春天，以出芽生殖的方式产生水母体。水母体成熟后，再进行有性生殖。

凭借水压游动

桃花水母在水中游动的方式比较特别，它的伞体通过不停地收缩与舒张，将伞腔内的水压出体外，借此朝相反的方向缓慢游动。

捕猎

桃花水母体态晶莹透明，在水中游动时，姿态优美。当遇到食物时，触手上的刺丝囊立即射出刺丝，刺中并捕获猎物，顷刻使其中毒身亡，至此，它就可以饱餐一顿了。

小宇宙之光

桃花水母之所以珍贵，不仅因为其数量稀少，难得一见，还因为它是世界上唯一一种生活在淡水中的水母。对待如此珍稀的物种，每个人都应该行动起来，切实为保护它们的生存环境作出努力，这样才有可能让这一物种得以生存和延续。

探索·传奇

桃花水母的传说

在湖北秭归一带，流传着一个关于桃花水母的动人传说：为了与匈奴和好，汉代的王昭君远嫁塞外。昭君出塞和亲前返回故里探亲，怀抱琵琶，坐在河里的小舟上，深情地弹了一曲琵琶行，不禁黯然泪下，晶莹的泪珠滴入河水中，顿时化作体态透明的桃花水母。

会上树的鸭子——中华秋沙鸭

hui shang shu de ya zi

zhong hua qiu sha ya

生物特征

“鸟类中的大熊猫”

中华秋沙鸭为鸭科秋沙鸭属的鸟类，是中国的特有物种。鸟类学家研究发现，它们的原产地是中国吉林省长白山地区，分布范围狭小，只有少数个体在朝鲜和俄罗斯远东地区被发现，故而被称为中华秋沙鸭。

中华秋沙鸭属于中国一级重点保护鸟类，由于其数量稀少，并且是第三纪冰川期后残存下来的孑遗物种，距今已有1000万年的历史了，故有“鸟类中的大熊猫”之称。它不仅在中国得到了重视，还得到了世界自然保护联盟和国际鸟类联合会的关注，已经将之列入濒危物种和世界濒危鸟类红皮书中。

身穿彩衣

中华秋沙鸭体形较小，全长58～63厘米，嘴形侧扁，前端尖而有钩，嘴的颜色为红色。

雄鸭头部和颈部的上半部分为黑色，散发出蓝色的光泽，头顶具有厚实的羽冠，像凤头一样，也是它的特有标志。两肋羽毛为白色，而羽缘为黑色，并且呈特征性鳞状纹，脚为红色。雌鸭羽色较暗，淡黄色的羽毛泛出一抹金色，体侧具有带状图案，脚为橘黄色。

生活习性

中华秋沙鸭生活在哪里

在西伯利亚、朝鲜北部及我国小兴安岭一带，中华秋沙鸭出没于溪流、河谷、草甸、水塘以及草地等区域。它们一般主要在中国东北以及西伯利亚等地方繁殖，冬季到长江以南越冬。它们常常成双成对地出入或者以家庭为群。

会上树的鸭子

大家都知道，鸭子是不会上树的。但是，作为鸭科动物，中华秋沙鸭却打破了这一规律。它们不仅能上树，还把巢筑在距离地面很高的树洞中，这种特立独行的习性使之蒙上了一层神秘的色彩。

以何为食

中华秋沙鸭以鱼类为食，它们多在深水区觅食，捕到鱼后先衔出水面，然后吞进嘴里。

生长繁殖

每年的 4 ~ 5 月，成群的中华秋沙鸭来到繁殖地。接下来，结为伴侣的雌鸟和雄鸟便开始寻找合适的地点筑巢。它们的巢穴多选在树洞中，树洞的高度一般距离地面 10 米左右，树与水源或者溪流的距离不超过 10 米。

雌鸟一般每窝产卵 8 ~ 14 枚。卵为椭圆形，浅灰蓝色，其上密布不规则的斑纹。孵卵的工作由雌鸟完成，孵化期为 28 ~ 35 天，在此期间，雌鸟除了中午外出一段时间外，其余时间都在孵卵。而雄鸟此时则很少露面了，据推测，它们可能躲在安全的地方换羽。

雏鸟出壳一两天后，亲鸟便带领小家伙们跳出洞口，然后快速进入到水中，这也是中华秋沙鸭选择距离水体较近筑巢的原因，对于它们来说，水中要比陆地上安全得多。

雏鸭是天生的游泳健将，它们可以自由地潜入水中。它们的羽毛具有极佳的防水性，无论雏鸭怎么玩水，羽毛都不会被水打湿。

雏鸟出巢后最初的几个星期是最危险的阶段，它们对见到的一切都感到新鲜和稀奇，对外界的危险缺少经验和防范能力，这时完全靠母亲的精心照料。和雏鸭在一起的时候，母鸭总是保持极高的警惕性。绝大部分时间，它都高抬着头，注视着周围的环境，看护着幼仔，很少潜入水中取食。两个月后，幼鸟就可以长到和成体差不多大了，开始了自由的生活。

性格机警的鸟

中华秋沙鸭性情高傲，警惕性极高，不但不屑与其他鸭雁为伍，对人类也避而远之，只要稍有风吹草动，它们便振翅而去。

当困意袭来时，它们也会张嘴打哈欠，眯起眼睛打盹，打盹时每隔几分钟就会睁开眼睛看一下周围的情况，稍有动静，马上就会醒来。在整个家族休息时，总有一只秋沙鸭担任哨兵，通常这个工作都是由鸭妈妈来完成。

小宇宙之光

鸭子不会上树，这是人们的惯性思维得出的结论，然而，中华秋沙鸭却是个例外。可见，以惯性思维看待事物并不一定全面，唯有深入的调查研究，才能抓到事物的本质。

探索·传奇

种群现状

中华秋沙鸭是中国特有的稀有鸟类，数量极其稀少，全球目前仅存不足1000只。

中华秋沙鸭以往在中国广有越冬记录，但分布点零散，且多为小群或零星个体，很少在同一地见到10只以上的记录。

20世纪90年代以来，在个别地点虽发现中华秋沙鸭的越冬群体，但缺少持续性的观察记录。安徽、山东、辽宁、吉林是近几年来新发现的中华秋沙鸭越冬地。安徽主要见于肥东，山东主要见于荣城、长岛等沿海一带，吉林和辽宁见于鸭绿江一带。

21世纪初，在江西省东北部的弋阳、婺源相继发现中华秋沙鸭的较大越冬群，总数量至少超过100只，且数量和分布地点相对稳定。2004年3月，吉林省集安市境内的鸭绿江上发现8只中华秋沙鸭。黑龙江省共有170只左右，其种群数量较稳定。